으뜸 매직셈 2

대한암산수학연구소

세광m

차례

5의 활용 계산

5에 대한 1의 짝의 수 설명

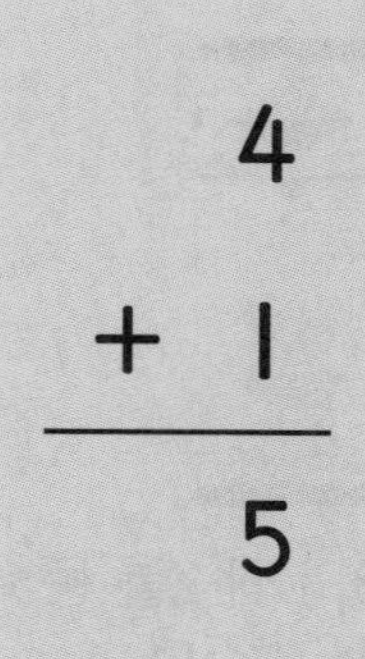

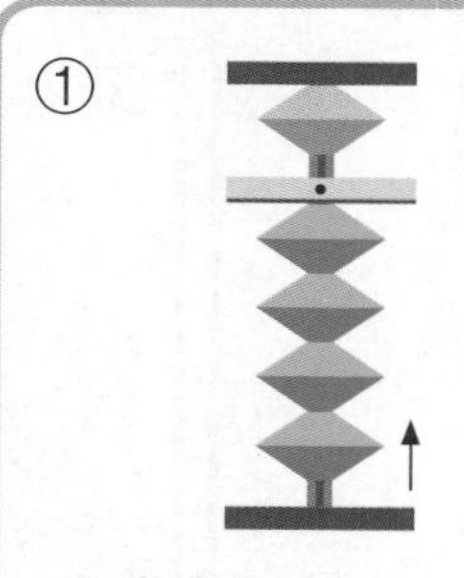
① 엄지로 4를 놓는다.

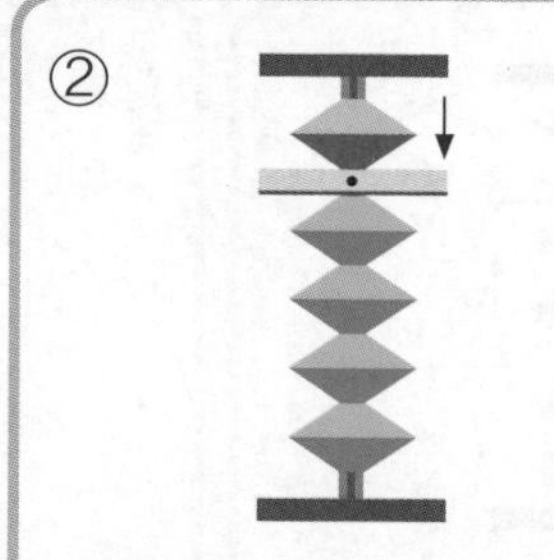
② 1을 못 더하므로 검지로 5를 내리면서

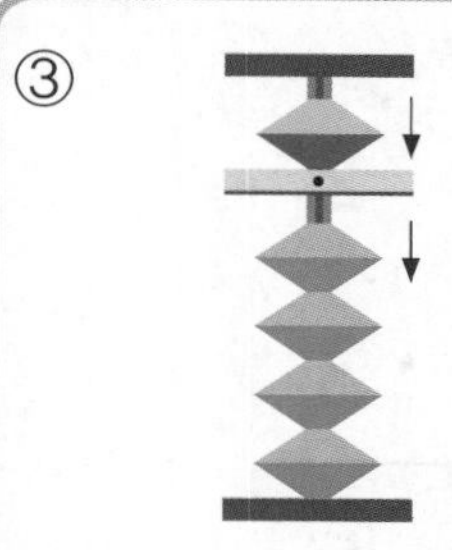
③ 엄지로 1의 짝 4를 동시에 내려서 빼준다.

1	2	3	4	5	6	7	8	9	10
2	6	4	4	4	1	4	3	2	4
2	5	1	1	1	9	7	8	9	6
1	3	3	4	4	4	3	3	3	4
5	1	7	6	2	1	1	1	1	1

5에 대한 2의 짝의 수 설명

3
+ 2
5

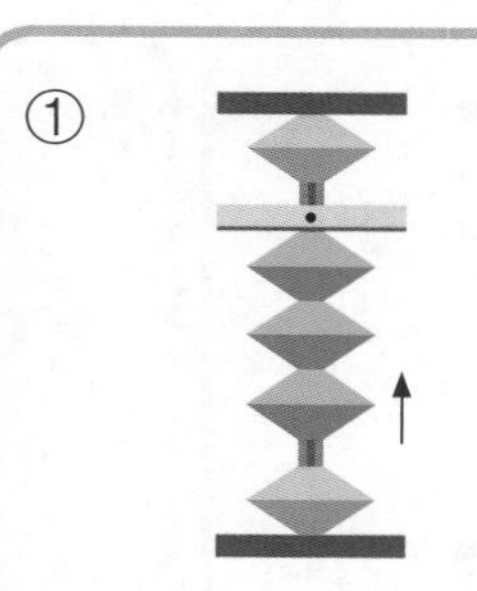
① 엄지로 3을 놓는다.

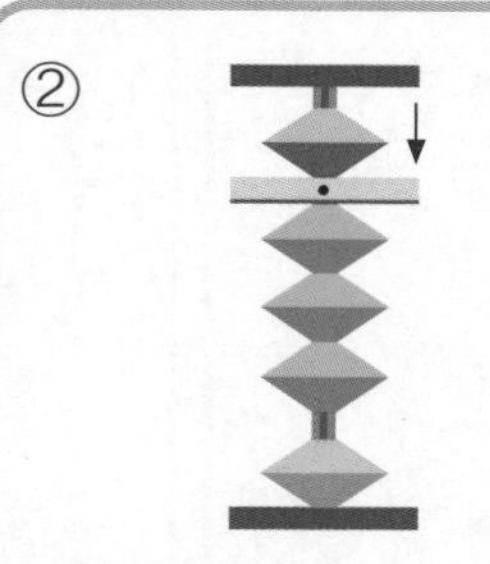
② 2를 못 더하므로 검지로 5를 내리면서

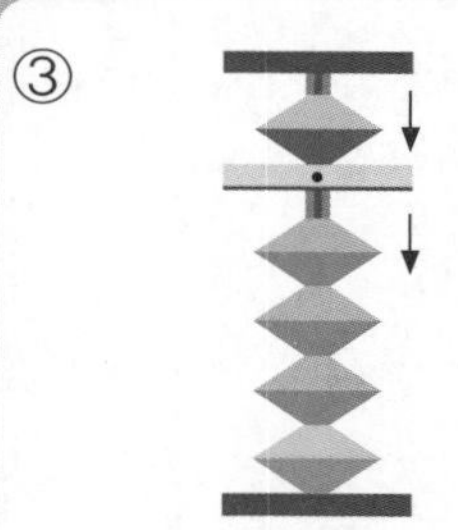
③ 엄지로 2의 짝 3을 동시에 내려서 빼준다.

11	12	13	14	15	16	17	18	19	20
3	3	4	2	3	4	9	8	8	7
2	2	2	1	1	6	1	5	3	2
4	5	9	2	2	4	4	1	3	5
2	9	3	5	9	2	2	2	2	2

5에 대한 3의 짝의 수 설명

$$\begin{array}{r} 2 \\ +\ 3 \\ \hline 5 \end{array}$$

① 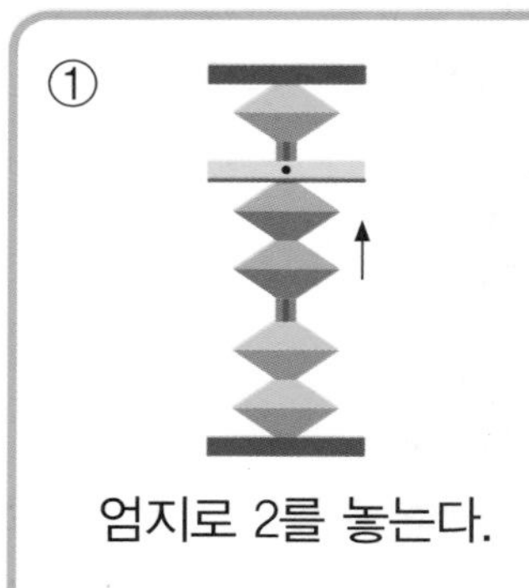

엄지로 2를 놓는다.

② 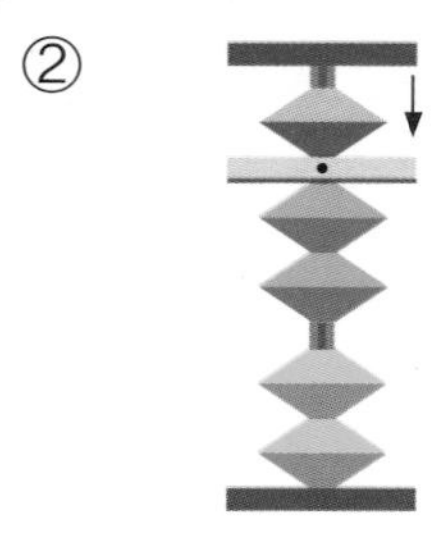

3을 못 더하므로 검지로 5를 내리면서

③ 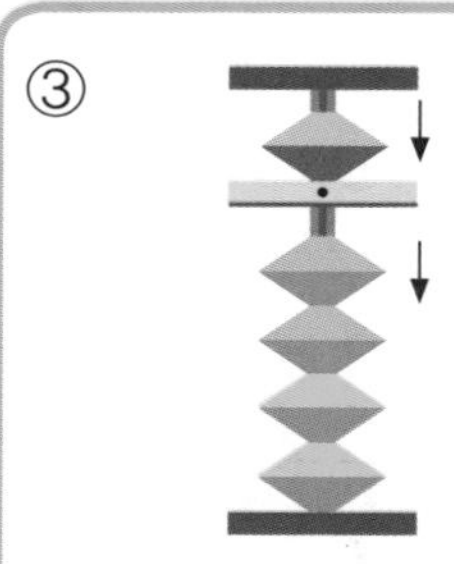

엄지로 3의 짝 2를 동시에 내려서 빼준다.

1	2	3	4	5	6	7	8	9	10
4	9	7	1	6	3	2	2	4	5
3	4	5	9	3	3	3	2	3	4
5	3	3	3	5	9	5	3	8	5
3	1	5	3	3	2	8	8	4	3

5에 대한 4의 짝의 수 설명

$$\begin{array}{r} 1 \\ +\ 4 \\ \hline 5 \end{array}$$

① 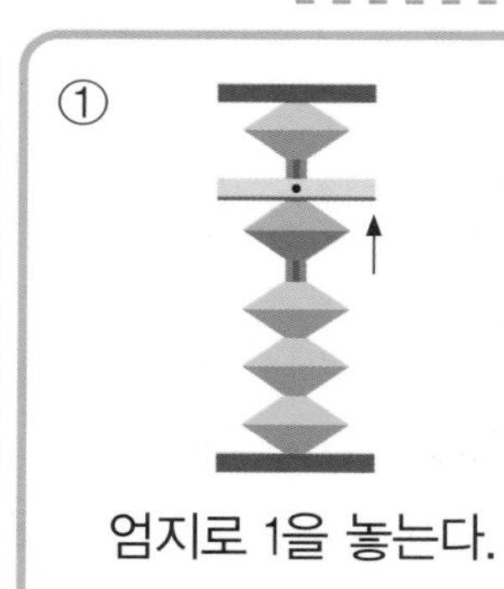

엄지로 1을 놓는다.

② 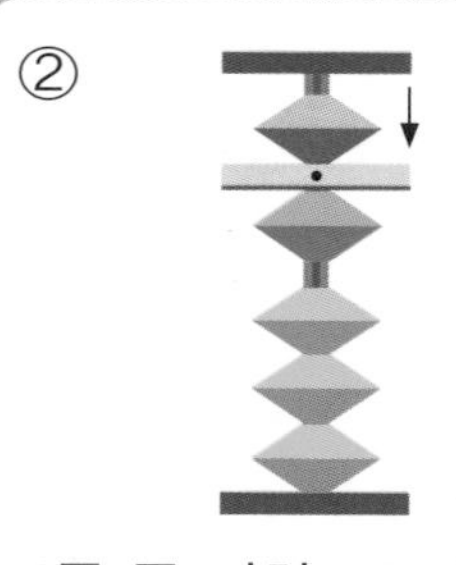

4를 못 더하므로 검지로 5를 내리면서

③ 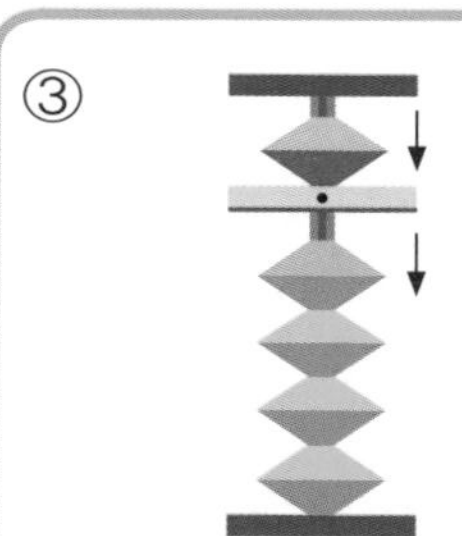

엄지로 4의 짝 1을 동시에 내려서 빼준다.

11	12	13	14	15	16	17	18	19	20
3	2	4	8	7	2	7	6	4	9
4	9	4	4	5	4	3	4	4	4
5	4	5	4	4	4	2	1	5	4
3	5	2	9	4	9	4	4	3	8

4-1까지 짝의 수

4, 3, 2, 1 짝의 수 덧셈 ➡ 윗알은 검지, 아래알은 엄지 한 동작으로 동시에 내린다.

익힘문제 1

공부한 날 월 일

주판으로 계산하세요.

1	2	3	4	5
2 2 1	4 1 4	1 3 1	4 1 2	3 1 1

6	7	8	9	10
4 9 1 1	3 8 3 1	6 4 4 1	9 5 1 4	7 5 2 1

11	12	13	14	15
8 2 4 1 2	1 9 2 2 1	6 9 4 5 1	4 1 5 7 3	9 4 1 1 3

4, 3, 2, 1 짝의 수 덧셈

익힘문제 2

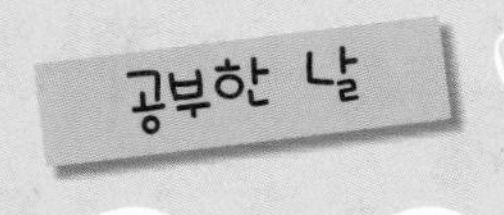

월 일

주판으로 계산하세요.

1	2	3	4	5
3 7 4 1 4	5 5 4 1 3	4 6 4 1 3	6 9 4 5 1	4 1 5 7 4

6	7	8	9	10
5 4 1 4 1	4 7 3 1 5	1 9 4 1 5	7 8 4 5 1	9 6 4 5 1

11	12	13	14	15
7 4 3 1 3	9 7 3 5 1	8 5 1 1 3	4 1 5 6 2	6 5 3 1 4

4, 3, 2, 1 짝의 수 덧셈

익힘문제 3

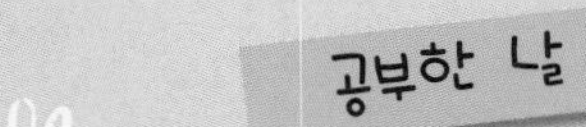

월 일

주판으로 계산하세요.

1	2	3	4	5
8 4 2 1 5	7 2 1 4 1	9 5 1 3 2	2 7 2 3 1	3 6 5 1 2

6	7	8	9	10
2 2 1 5 9	9 8 5 2 1	4 9 8 3 1	6 5 3 1 4	7 9 5 3 1

11	12	13	14	15
1 9 2 2 1	3 7 4 1 5	4 1 3 9 2	6 5 3 1 2	8 9 5 2 1

4, 3, 2, 1 짝의 수 덧셈

익힘문제 4

공부한 날 월 일

주판으로 계산하세요.

1	2	3	4	5
3 2 4	3 1 2	4 2 3	2 2 2	2 1 2

6	7	8	9	10
1 3 2 5	9 5 2 1	6 4 4 2	3 6 5 2	4 2 4 7

11	12	13	14	15
3 7 4 2 9	7 4 3 2 5	4 2 3 2 6	8 5 2 3 4	1 9 8 5 2

4, 3, 2, 1 짝의 수 덧셈

익힘문제 5

공부한 날

월 일

주판으로 계산하세요.

1	2	3	4	5
4	6	8	4	1
2	3	5	2	8
5	1	2	3	1
3	4	4	1	4
2	2	6	9	2

6	7	8	9	10
3	8	4	9	2
7	2	2	5	2
4	4	9	2	2
2	2	3	5	5
3	5	4	9	7

11	12	13	14	15
4	2	7	8	5
2	7	3	5	4
4	2	4	1	5
2	3	2	2	2
8	2	2	2	4

4, 3, 2, 1 짝의 수 덧셈

익힘문제 6

주판으로 계산하세요.

1	2	3	4	5
9	1	5	8	4
6	3	3	4	7
3	2	1	6	3
5	3	5	5	2
2	9	2	2	4

6	7	8	9	10
3	2	4	8	9
8	5	2	3	1
3	3	1	7	9
2	4	2	5	5
4	2	3	2	2

11	12	13	14	15
4	8	3	2	5
2	2	2	9	5
5	1	4	3	4
3	3	6	2	2
2	2	4	5	1

4, 3, 2, 1 짝의 수 덧셈

익힘문제 7

주판으로 계산하세요.

1	2	3	4	5
4 2 9 4 −3	8 3 3 2 −1	9 1 4 2 −5	7 5 2 2 −1	3 2 5 9 −4

6	7	8	9	10
8 2 4 2 −5	9 2 3 2 −6	4 9 2 4 −2	4 2 5 7 −3	3 2 5 9 −7

암산으로 계산하세요.

11	12	13	14	15
4 2 7	3 2 4	8 5 2	9 5 2	3 1 2

주판으로 계산하세요.

1	2	3	4	5
4 3 3	2 3 2	2 1 3	3 1 3	2 2 3

6	7	8	9	10
3 9 2 3	4 3 3 1	3 1 3 2	9 2 3 3	4 3 5 9

11	12	13	14	15
8 2 4 3 3	1 8 1 4 3	4 6 4 3 3	5 3 1 5 3	3 1 3 4 7

4, 3, 2, 1 짝의 수 덧셈

익힘문제 9

주판으로 계산하세요.

1	2	3	4	5
4 3 8 2 8	9 3 3 4 8	2 3 5 4 2	7 3 4 3 4	6 5 9 2 3

6	7	8	9	10
4 1 5 4 3	5 4 4 3 9	2 3 5 4 2	8 4 8 4 3	9 2 3 3 8

11	12	13	14	15
3 3 5 3 1	9 2 2 3 9	8 5 3 3 6	4 3 4 3 2	5 4 5 3 9

4, 3, 2, 1 짝의 수 덧셈

익힘문제 10

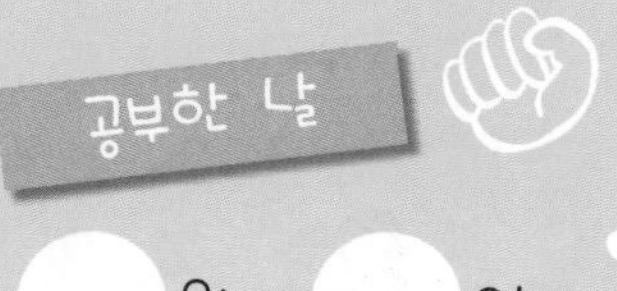

주판으로 계산하세요.

1	2	3	4	5
2	6	4	9	8
3	4	3	5	5
4	9	8	7	6
8	5	4	3	5
9	3	6	3	3

6	7	8	9	10
9	4	2	8	5
7	1	4	5	4
5	5	5	3	1
2	2	3	3	4
3	3	3	9	3

11	12	13	14	15
3	2	8	9	4
9	3	4	5	3
3	4	3	3	5
4	3	4	5	1
8	3	7	3	3

4, 3, 2, 1 짝의 수 덧셈

익힘문제 11

주판으로 계산하세요.

1	2	3	4	5
9 −5 3 8 5	4 3 4 6 −2	8 5 3 −5 6	4 8 3 4 −7	9 3 3 −5 6

6	7	8	9	10
4 3 −2 7 9	9 −5 3 5 6	3 3 2 −5 3	4 3 2 −7 3	2 3 3 −5 3

암산으로 계산하세요.

11	12	13	14	15
7 5 3	4 3 4	8 5 3	2 3 5	9 5 3

4, 3, 2, 1 짝의 수 덧셈

익힘문제 12

공부한 날 　월 　일

주판으로 계산하세요.

1	2	3	4	5
4 4 7	1 4 3	2 4 9	3 4 8	9 5 4

6	7	8	9	10
2 2 4 9	1 3 4 5	9 5 4 3	8 5 4 2	3 4 9 6

11	12	13	14	15
9 5 4 3 2	3 7 3 4 8	1 9 4 4 5	7 4 4 5 8	1 4 5 3 4

4, 3, 2, 1 짝의 수 덧셈

익힘문제 13

주판으로 계산하세요.

1	2	3	4	5
3 5 1 5 4	6 5 4 4 6	2 4 5 3 7	8 4 4 3 6	7 8 5 3 4

6	7	8	9	10
2 7 5 4 1	5 5 4 4 5	9 4 4 5 3	3 2 5 1 4	1 4 5 3 2

11	12	13	14	15
3 4 5 2 3	6 4 3 4 8	2 8 4 4 3	7 9 3 5 4	4 3 5 4 9

주판으로 계산하세요.

1	2	3	4	5
4 4 5 1 4	7 9 4 2 4	3 6 7 5 4	4 6 2 4 5	9 8 2 5 4

6	7	8	9	10
6 5 7 5 4	3 4 5 9 7	7 8 4 5 4	2 4 9 3 5	4 6 4 4 7

11	12	13	14	15
9 5 4 5 2	1 4 5 1 4	2 9 7 5 4	8 8 5 4 3	7 5 2 4 9

4, 3, 2, 1 짝의 수 덧셈

익힘문제 15

공부한 날 월 일

주판으로 계산하세요.

1	2	3	4	5
4	3	1	9	2
7	7	4	5	4
4	4	3	4	2
3	4	4	9	9
−6	−2	−1	−5	−7

6	7	8	9	10
9	3	8	2	7
2	4	5	7	5
4	9	4	3	2
3	5	9	4	4
−2	−1	−5	−6	−3

암산으로 계산하세요.

11	12	13	14	15
4	7	6	2	1
4	5	5	4	4
2	4	4	9	5

4, 3, 2, 1 짝의 수 덧셈

1위 종합 연습문제 1

주판으로 계산하세요.

1	2	3	4	5
6	1	9	7	4
5	4	2	8	1
2	5	6	3	5
4	3	5	5	3
3	2	3	3	2

6	7	8	9	10
4	7	3	2	7
1	5	2	4	4
5	4	5	5	4
3	3	1	3	5
4	1	4	1	8

암산으로 계산하세요.

11	12	13	14	15
9	3	1	4	8
2	8	8	7	4
3	4	4	2	3
1	5	2	3	5

4, 3, 2, 1 짝의 수 덧셈

1위 종합 연습문제 2

주판으로 계산하세요.

1	2	3	4	5
7	3	4	8	6
8	6	1	2	5
4	5	5	3	9
5	1	2	4	4
4	3	4	3	1

6	7	8	9	10
2	9	8	3	6
7	1	4	6	2
9	4	3	5	5
5	3	5	1	2
2	4	9	3	4

암산으로 계산하세요.

11	12	13	14	15
9	8	1	6	9
4	5	8	2	5
2	3	4	5	4
4	4	2	3	2

4, 3, 2, 1 짝의 수 덧셈

1위 종합 연습문제 3

주판으로 계산하세요.

1	2	3	4	5
4 3 5 4 9	2 9 8 5 3	3 2 5 7 4	7 9 5 3 4	9 1 2 4 4

6	7	8	9	10
3 5 1 4 3	9 7 5 2 3	1 9 8 5 4	5 3 9 4 4	4 3 9 1 4

암산으로 계산하세요.

11	12	13	14	15
2 8 3 2	4 3 8 5	1 8 5 1	9 5 2 9	7 9 3 5

4, 3, 2, 1 짝의 수 덧셈

1위 종합 연습문제 4

주판으로 계산하세요.

1	2	3	4	5
3 7 2 4 9	9 3 1 2 5	4 1 5 3 2	7 1 9 5 3	2 6 4 2 1

6	7	8	9	10
5 3 9 4 4	6 9 4 5 2	8 4 7 4 2	2 9 8 5 4	9 6 5 2 3

암산으로 계산하세요.

11	12	13	14	15
4 8 2 1	6 5 3 1	3 4 8 5	8 4 3 5	2 3 4 2

4, 3, 2, 1 짝의 수 덧셈

1위 종합 연습문제 5

주판으로 계산하세요.

1	2	3	4	5
9 1 4 3 5	1 3 9 4 2	6 3 5 1 3	2 9 3 2 4	8 7 1 5 4

6	7	8	9	10
2 9 8 5 1	4 5 3 4 9	3 7 4 2 9	9 5 7 3 1	1 9 4 3 5

암산으로 계산하세요.

11	12	13	14	15
9 1 4 1	3 2 4 8	4 8 2 1	2 3 4 2	6 3 5 4

4, 3, 2, 1 짝의 수 덧셈

1위 종합 연습문제 6

주판으로 계산하세요.

1	2	3	4	5
6 4 2 3 5	4 9 7 2 3	7 2 5 2 3	9 3 1 2 5	3 2 4 5 1

6	7	8	9	10
8 7 4 5 1	2 3 4 1 8	1 8 5 1 3	7 8 5 4 1	4 5 9 5 3

암산으로 계산하세요.

11	12	13	14	15
4 6 2 3	2 9 4 2	7 5 4 3	2 4 9 4	9 1 4 1

4, 3, 2, 1 짝의 수 덧셈

2위 종합 연습문제 1

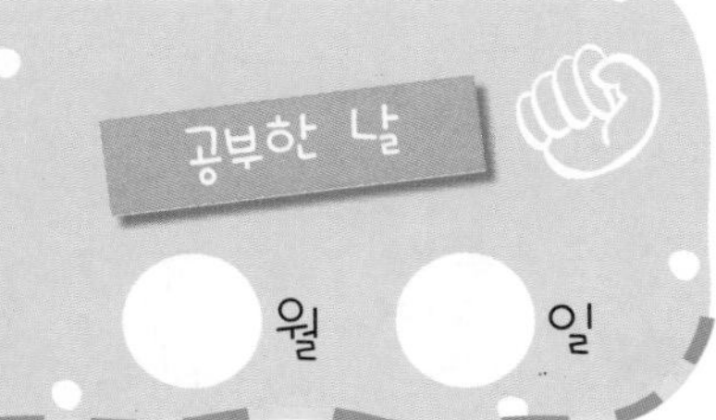

주판으로 계산하세요.

1	2	3	4	5
10 20 20	20 20 10	10 40 20	30 20 40	20 30 30

6	7	8	9	10
40 10 12	11 33 10	14 30 10	12 35 11	41 12 21

11	12	13	14	15
24 21 10	45 10 13	34 11 12	15 30 14	41 11 16

16	17	18	19	20
43 15 29	25 34 27	18 44 29	32 24 11	21 14 23

4, 3, 2, 1 짝의 수 덧셈

2위 종합 연습문제 2

주판으로 계산하세요.

1	2	3	4	5
21 23 20	40 20 15	31 11 21	42 20 22	13 21 15

6	7	8	9	10
11 32 22	21 22 22	40 21 16	27 31 21	12 23 24

11	12	13	14	15
23 15 21	31 13 22	33 20 31	44 10 35	31 13 21

16	17	18	19	20
26 12 21	14 31 13	32 49 15	41 16 12	23 32 44

4, 3, 2, 1 짝의 수 덧셈

2위 종합 연습문제 3

주판으로 계산하세요.

1	2	3	4	5
11 22 33	41 32 20	25 21 32	30 12 32	40 23 16

6	7	8	9	10
14 30 31	32 12 33	30 30 18	21 22 25	30 25 42

11	12	13	14	15
26 31 32	15 34 30	22 31 31	44 30 13	16 32 21

16	17	18	19	20
42 36 11	24 32 13	35 41 22	17 42 38	21 33 27

4, 3, 2, 1 짝의 수 덧셈

2위 종합 연습문제 4

주판으로 계산하세요.

1	2	3	4	5
42 32 15	21 42 31	30 40 28	41 40 13	12 43 33

6	7	8	9	10
22 44 21	31 13 44	15 31 40	12 42 21	29 30 30

암산으로 계산하세요.

11	12	13	14	15
9 3 2 1	3 2 4 6	4 7 3 1	8 9 5 4	2 3 4 2

4, 3, 2, 1 짝의 수 덧셈

1위~2위 종합 연습문제 5

주판으로 계산하세요.

1	2	3	4	5
24 31 5 7	16 43 3 4	44 41 4 6	42 16 5 3	29 34 3 5

6	7	8	9	10
23 14 8 4	34 21 3 7	12 33 2 1	42 16 5 3	17 41 5 9

11	12	13	14	15
33 29 7 8	47 15 4 9	21 36 2 8	26 39 3 4	19 46 3 2

4, 3, 2, 1 짝의 수 덧셈

1위~2위 종합 연습문제 6

주판으로 계산하세요.

1	2	3	4	5
32	26	37	34	43
23	39	44	31	22
4	3	4	5	5
7	4	5	7	4

6	7	8	9	10
23	34	15	31	43
42	31	44	32	12
3	5	5	7	5
2	7	4	9	2

11	12	13	14	15
33	25	46	14	31
34	43	41	44	3
5	7	1	3	14
8	4	2	9	1

주판으로 계산하세요.

1	2	3	4	5
43 23 4 5	12 43 5 7	21 34 5 7	32 33 4 1	34 33 2 6

6	7	8	9	10
41 14 4 2	14 42 1 8	23 32 5 9	36 49 4 3	15 44 6 3

11	12	13	14	15
15 41 4 3	34 21 3 2	43 32 5 6	23 43 5 9	24 32 3 8

4, 3, 2, 1 짝의 수 덧셈

1위~2위 종합 연습문제 8

주판으로 계산하세요.

1	2	3	4	5
41 34 3 2	24 43 2 6	32 44 2 3	43 14 4 2	34 42 3 6

6	7	8	9	10
41 43 8 2	33 34 5 8	32 44 3 2	23 42 5 7	17 41 5 9

암산으로 계산하세요.

11	12	13	14	15
9 5 1 4	2 3 4 3	6 3 5 4	4 8 2 1	3 2 4 6

5기준 활용셈(꼬리셈)

5 + 6 = 11

5, 6, 7, 8의 수에 6을 더할 때 먼저 십의 자리에 1을 더하고 일의 자리에서 1을 더하는 것과 동시에 5를 뺀다.

① 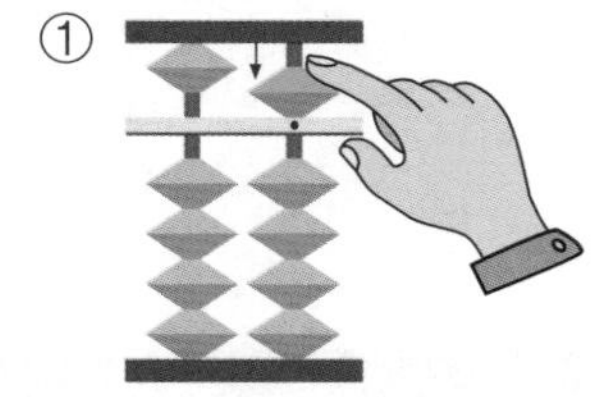
윗알을 검지로 놓는다.

② 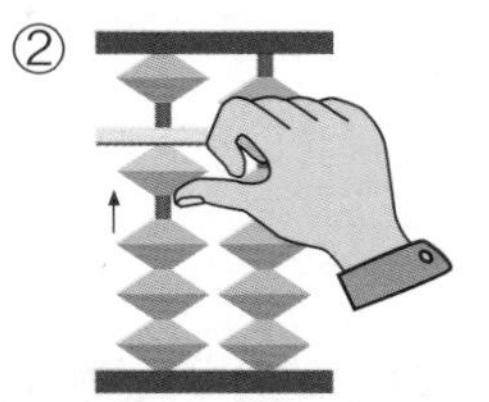
십의 자리에서 엄지로 한 알을 올린다.

③ 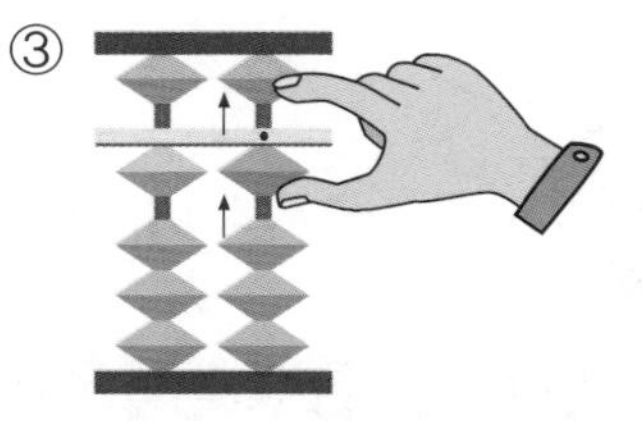
엄지로 아래 한 알과 윗알을 동시에 올린다.

6 + 7 = 13

5, 6, 7의 수에 7을 더할 때 먼저 십의 자리에 1을 더하고 일의 자리에서 2를 더하는 것과 동시에 5를 뺀다.

① 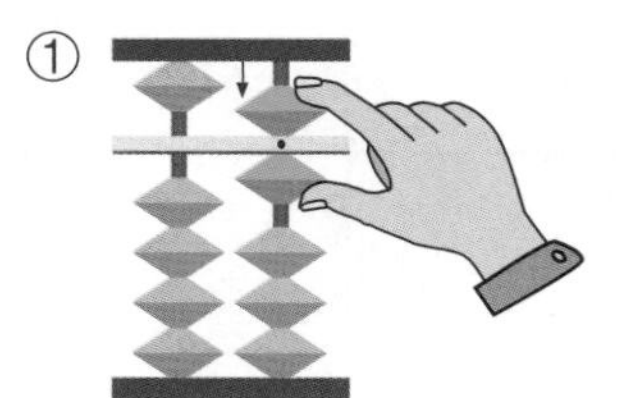
엄지와 검지로 동시에 윗알과 아래 한 알을 놓는다.

② 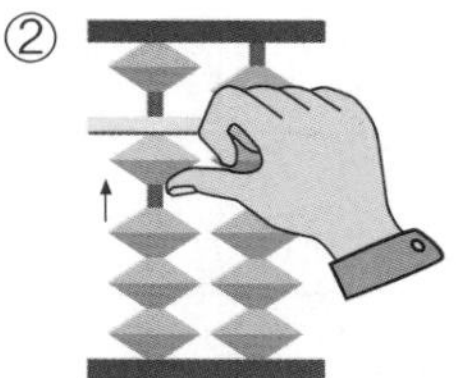
십의 자리에서 엄지로 한 알을 올린다.

③ 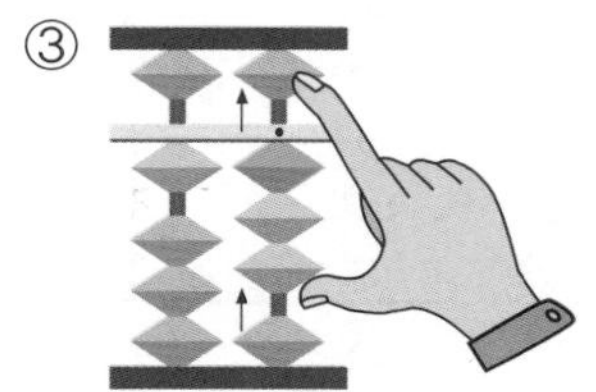
엄지로 아래 두 알과 윗알을 동시에 올린다.

6 + 8 = 14

5, 6의 수에 8을 더할 때 먼저 십의 자리에 1을 더하고 일의 자리에서 3을 더하는 것과 동시에 5를 뺀다.

① 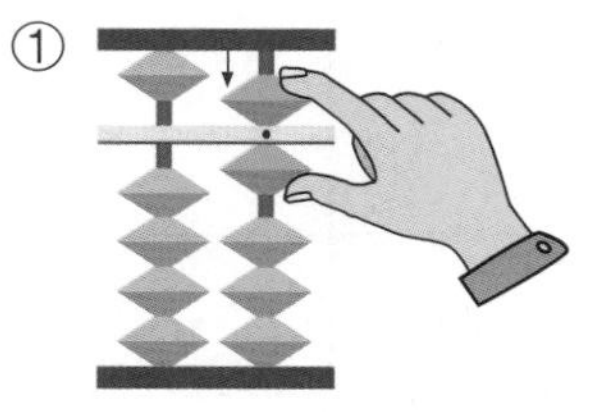
엄지와 검지로 동시에 윗알과 아래 한 알을 놓는다.

② 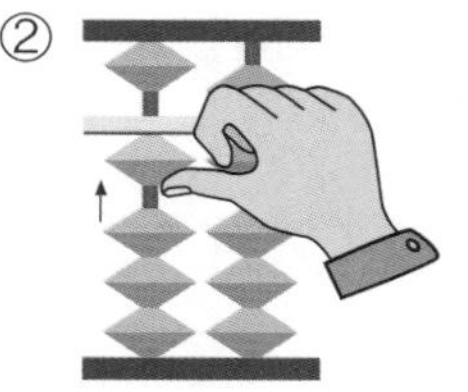
십의 자리에서 엄지로 한 알을 올린다.

③ 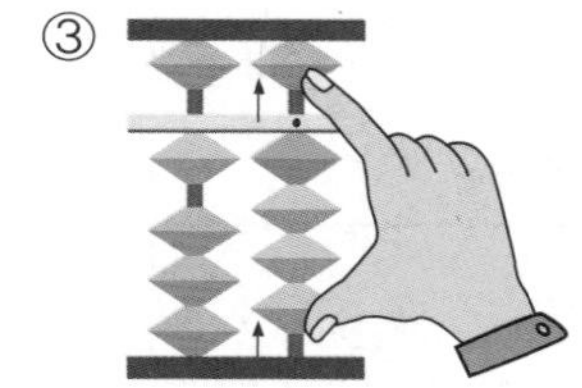
엄지로 아래 세 알과 윗알을 동시에 올린다.

5 + 9 = 14

5에 9를 더할 때 먼저 십의 자리에 1을 더하고 일의 자리에서 4를 더하는 것과 동시에 5를 뺀다.

① 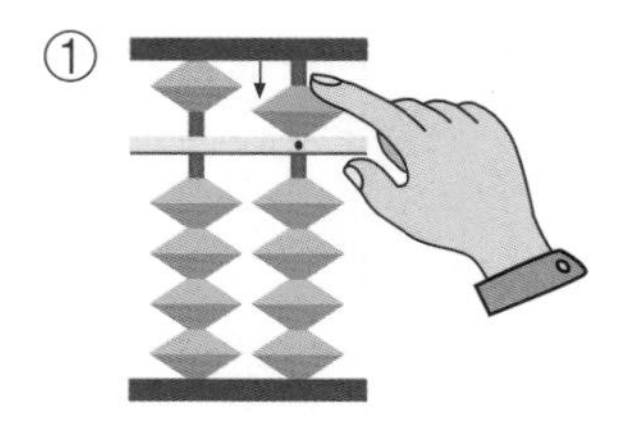
윗알을 검지로 놓는다.

② 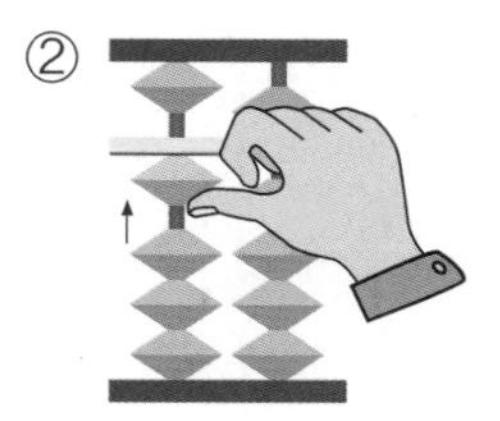
십의 자리에서 엄지로 한 알을 올린다.

③ 
엄지로 아래 네 알과 윗알을 동시에 올린다.

5기준 활용셈(꼬리셈)

익힘문제 1

주판으로 계산하세요.

1	2	3	4	5
5 6 7	2 5 6	3 5 6	4 3 6	7 6 5

6	7	8	9	10
4 1 6 7	8 6 5 4	4 3 6 5	9 6 6 4	1 9 7 6

11	12	13	14	15
5 6 9 5 6	9 2 4 6 4	4 6 8 6 5	8 4 3 6 9	7 6 4 2 6

5기준 활용셈(꼬리셈)

익힘문제 2

주판으로 계산하세요.

1	2	3	4	5
4	8	2	9	1
3	2	4	6	9
6	4	6	3	4
1	1	7	6	1
5	6	8	4	6

6	7	8	9	10
7	3	1	4	9
3	2	7	2	6
8	6	6	6	3
6	8	3	7	6
4	6	4	6	1

11	12	13	14	15
8	7	3	9	2
6	6	4	1	4
3	2	6	7	6
6	6	6	6	7
2	4	5	2	9

5기준 활용셈(꼬리셈)

익힘문제 3

주판으로 계산하세요.

1	2	3	4	5
2	9	8	7	3
5	7	6	6	9
8	6	7	4	5
6	4	4	2	6
4	6	6	3	8

6	7	8	9	10
4	3	6	2	5
9	9	6	6	6
3	7	3	9	3
6	6	2	6	2
8	6	5	2	9

11	12	13	14	15
6	2	7	4	8
6	1	6	3	7
4	3	8	6	3
3	6	3	4	9
8	9	6	8	6

5기준 활용셈(꼬리셈)

익힘문제 4

주판으로 계산하세요.

1	2	3	4	5
8 6 −3 5 6	5 6 8 9 −5	4 1 6 7 −2	8 6 −4 5 6	9 1 8 6 −3

6	7	8	9	10
3 2 6 8 −5	8 2 7 6 −2	7 6 9 7 −4	5 1 6 7 −3	9 4 2 6 −1

암산으로 계산하세요.

11	12	13	14	15
1 5 6	9 8 6	1 6 6	4 3 6	2 4 6

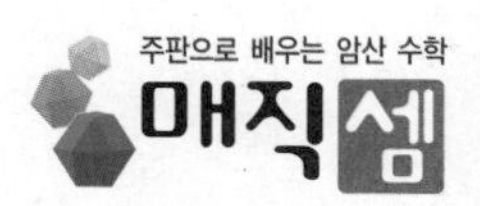

5기준 활용셈(꼬리셈)

익힘문제 5

주판으로 계산하세요.

1	2	3	4	5
5 2 7	3 2 7	6 9 7	3 4 7	7 7 1

6	7	8	9	10
3 7 6 7	9 3 5 7	1 4 7 9	5 7 6 7	4 3 7 8

11	12	13	14	15
4 3 6 2 7	1 4 7 5 6	8 4 5 7 3	5 3 1 7 7	7 7 3 7 5

5기준 활용셈(꼬리셈)

익힘문제 6

주판으로 계산하세요.

1	2	3	4	5
5 6 4 2 7	1 8 6 7 4	8 7 6 5 7	7 6 3 7 4	4 3 7 4 6

6	7	8	9	10
2 3 6 5 7	8 6 3 7 4	3 5 6 2 7	5 6 4 2 7	9 1 5 7 3

11	12	13	14	15
4 1 7 5 6	8 5 7 6 7	3 2 7 5 6	9 7 6 5 7	1 8 7 7 4

5기준 활용셈(꼬리셈)

익힘문제 7

주판으로 계산하세요.

1	2	3	4	5
7	4	5	6	3
8	8	6	7	2
7	3	4	2	7
6	7	1	6	3
7	6	7	4	6

6	7	8	9	10
8	1	7	4	5
2	4	2	2	7
4	7	6	6	1
3	9	7	4	2
7	7	4	7	6

11	12	13	14	15
6	9	4	7	2
7	8	3	7	4
2	7	7	8	7
7	4	8	9	1
5	5	4	6	4

5기준 활용셈(꼬리셈)

익힘문제 8

월 일

주판으로 계산하세요.

1	2	3	4	5
6 9 7 −1 4	9 −3 7 5 6	8 7 7 6 −5	4 3 7 −2 9	5 7 6 −3 5

6	7	8	9	10
4 2 7 5 −6	7 9 7 6 −7	2 5 7 −3 6	6 7 9 −1 8	9 1 7 7 −2

암산으로 계산하세요.

11	12	13	14	15
5 7 6	3 2 7	4 3 7	6 9 7	6 7 5

5기준 활용셈(꼬리셈)

익힘문제 9

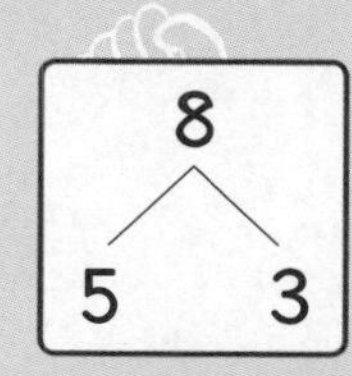

주판으로 계산하세요.

1	2	3	4	5
2 4 8	6 8 3	5 8 4	2 3 8	4 1 8

6	7	8	9	10
6 7 2 8	8 7 8 5	5 8 3 6	1 9 6 8	4 7 4 8

11	12	13	14	15
2 8 2 4 8	5 7 2 2 8	4 2 8 6 7	8 5 1 2 8	5 8 3 6 4

5기준 활용셈(꼬리셈)

익힘문제 10

주판으로 계산하세요.

1	2	3	4	5
7	3	5	9	1
4	2	7	6	5
8	7	4	8	6
6	4	8	2	3
8	8	1	7	8

6	7	8	9	10
6	8	4	5	7
7	6	2	8	7
3	1	6	3	2
8	8	3	7	8
5	4	8	4	1

11	12	13	14	15
2	1	7	5	6
3	5	8	6	7
6	8	8	4	2
4	4	2	8	1
8	6	5	2	8

5기준 활용셈(꼬리셈)

익힘문제 11

주판으로 계산하세요.

1	2	3	4	5
8	4	7	9	3
7	5	9	5	4
8	5	8	8	9
4	2	1	4	8
4	8	6	8	7

6	7	8	9	10
6	3	5	2	4
8	6	6	9	1
6	7	5	4	8
5	8	8	8	2
7	3	3	3	7

11	12	13	14	15
9	7	3	6	4
3	7	9	8	3
4	8	3	4	8
9	4	8	8	8
8	8	7	6	6

5기준 활용셈(꼬리셈)

익힘문제 12

공부한 날 월 일

주판으로 계산하세요.

1	2	3	4	5
7 −1 8 6 5	9 7 8 −2 8	9 1 6 8 −3	6 8 9 5 −6	7 4 5 8 −1

6	7	8	9	10
4 4 7 8 −2	5 8 6 −3 7	8 4 3 8 −1	7 9 8 −3 9	6 8 3 7 −4

암산으로 계산하세요.

11	12	13	14	15
2 3 8	4 2 8	6 8 5	7 9 8	5 8 3

5기준 활용셈(꼬리셈)

익힘문제 13

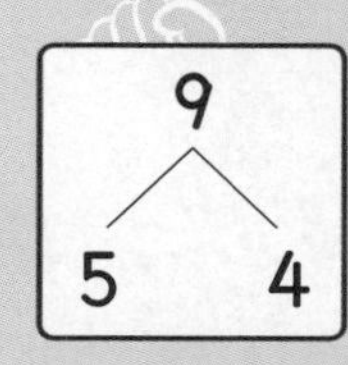

주판으로 계산하세요.

1	2	3	4	5
1 4 9	5 9 4	9 6 9	2 3 9	8 7 9

6	7	8	9	10
5 9 1 9	6 7 2 9	4 1 9 5	4 9 2 9	6 9 9 3

11	12	13	14	15
8 2 3 2 9	5 6 4 9 7	2 3 9 3 6	4 1 9 2 6	6 7 2 9 3

5기준 활용셈(꼬리셈)

익힘문제 14

공부한 날 월 일

주판으로 계산하세요.

1	2	3	4	5
2 3 9 4 6	7 8 9 2 9	5 8 2 9 4	4 2 7 2 9	9 6 7 3 9

6	7	8	9	10
9 4 2 9 1	4 1 7 3 9	8 7 9 3 6	5 6 4 9 7	1 4 9 4 6

11	12	13	14	15
7 6 2 9 3	5 9 3 7 1	2 9 4 9 5	6 9 9 3 8	5 9 3 7 4

5기준 활용셈(꼬리셈)

익힘문제 15

월 일

주판으로 계산하세요.

1	2	3	4	5
4	5	8	1	9
3	7	3	8	6
8	3	4	3	9
9	9	9	3	4
6	7	6	9	8

6	7	8	9	10
5	4	7	2	8
4	3	8	3	7
6	7	9	7	9
9	1	6	3	3
7	9	8	9	7

11	12	13	14	15
9	8	5	4	2
7	3	6	8	3
8	4	4	7	9
1	9	9	6	8
9	5	8	9	7

5기준 활용셈(꼬리셈)

익힘문제 16

공부한 날 월 일

주판으로 계산하세요.

1	2	3	4	5
8	5	7	2	6
3	9	−2	4	9
4	−2	9	−1	9
9	7	3	9	5
−3	8	6	5	−7

6	7	8	9	10
3	5	2	7	8
8	9	9	8	−3
4	4	4	9	9
9	−6	9	−3	6
−1	8	−2	9	7

암산으로 계산하세요.

11	12	13	14	15
4	5	2	6	3
1	9	3	9	2
9	7	9	9	9

5기준 활용셈(꼬리셈)

1위 종합 연습문제 1

공부한 날 월 일

주판으로 계산하세요.

1	2	3	4	5
6	5	7	2	8
6	6	6	4	6
5	9	3	6	4
4	5	9	3	7
9	9	8	9	5

6	7	8	9	10
4	7	5	1	2
3	5	7	4	8
7	9	4	7	7
8	5	9	3	6
9	7	8	9	3

암산으로 계산하세요.

11	12	13	14	15
5	2	4	3	6
2	6	3	5	1
6	6	7	6	7

5기준 활용셈(꼬리셈)

1위 종합 연습문제 2

월 일

주판으로 계산하세요.

1	2	3	4	5
5	1	7	2	3
8	4	8	3	8
7	8	9	8	4
3	2	1	4	9
4	9	6	7	7

6	7	8	9	10
5	9	5	3	2
9	6	7	2	9
9	9	4	9	4
2	3	9	1	8
7	7	8	6	3

암산으로 계산하세요.

11	12	13	14	15
7	5	4	9	2
8	8	1	7	3
9	3	9	8	9

5기준 활용셈(꼬리셈)

1위 종합 연습문제 3

주판으로 계산하세요.

1	2	3	4	5
2	6	7	9	5
8	7	3	8	9
1	5	5	3	8
4	9	7	5	3
9	4	9	7	6

6	7	8	9	10
5	8	3	1	2
6	7	9	9	7
9	9	8	5	4
8	3	5	6	3
4	6	7	4	8

암산으로 계산하세요.

11	12	13	14	15
5	8	2	8	7
8	4	3	6	6
4	3	9	3	2

5기준 활용셈(꼬리셈)

1위 종합 연습문제 4

주판으로 계산하세요.

1	2	3	4	5
6	1	5	4	8
2	7	1	2	6
5	6	8	8	2
2	8	7	7	8
9	5	4	2	9

6	7	8	9	10
5	3	4	8	6
3	2	9	5	9
8	9	2	3	8
7	6	7	7	4
2	8	5	4	3

암산으로 계산하세요.

11	12	13	14	15
6	5	7	6	1
9	7	8	6	4
8	9	8	4	7

5기준 활용셈(꼬리셈)

1위~2위 종합 연습문제 5

주판으로 계산하세요.

1	2	3	4	5
56 31 7 3	18 42 5 6	26 32 6 2	37 24 4 7	48 23 5 8

6	7	8	9	10
25 18 5 1	37 32 6 9	43 11 2 6	39 29 8 7	24 48 3 9

암산으로 계산하세요.

11	12	13	14	15
8 7 9 3	1 9 5 6	4 6 5 9	3 5 7 8	7 3 5 8

5기준 활용셈(꼬리셈)

1위~2위 종합 연습문제 6

주판으로 계산하세요.

1	2	3	4	5
27 35 3 6	33 34 7 5	54 11 9 4	19 43 4 8	18 42 5 6

6	7	8	9	10
22 31 4 7	31 46 7 5	43 38 4 9	27 35 3 6	15 11 9 8

암산으로 계산하세요.

11	12	13	14	15
7 3 5 8	5 9 3 6	8 3 5 7	2 5 6 4	3 9 5 7

5기준 활용셈(꼬리셈)

1위~2위 종합 연습문제 7

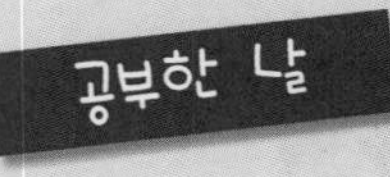

월 일

주판으로 계산하세요.

1	2	3	4	5
15 46 6 5	32 21 3 8	27 31 9 7	38 26 4 9	19 52 4 9

6	7	8	9	10
33 25 6 8	42 14 8 7	21 43 3 6	36 29 7 9	37 28 2 7

암산으로 계산하세요.

11	12	13	14	15
6 7 6 2	9 8 2 7	5 9 8 6	1 4 8 9	4 3 7 8

5기준 활용셈(꼬리셈)

1위~2위 종합 연습문제 8

주판으로 계산하세요.

1	2	3	4	5
24 31 9 2	23 45 6 4	38 21 7 8	12 43 9 5	47 15 3 7

6	7	8	9	10
34 27 5 6	23 34 8 9	46 21 7 9	37 36 4 5	25 38 4 5

암산으로 계산하세요.

11	12	13	14	15
4 3 7 8	5 7 4 6	9 3 4 7	8 2 5 8	7 6 4 5

50 만들기

1위~2위 익힘문제 1

주판으로 계산하세요.

1	2	3	4	5
49 1	42 8	43 7	45 5	48 2

6	7	8	9	10
7 45	9 43	8 47	6 46	4 49

11	12	13	14	15
19 28 7	23 27 4	36 13 9	29 22 8	25 26 3

16	17	18	19	20
26 28 3	37 12 8	25 29 4	18 36 2	16 7 29

50 만들기

2위 익힘문제 2

공부한 날 월 일

주판으로 계산하세요.

1	2	3	4	5
24 11 18	16 18 19	24 14 18	15 17 19	23 12 16

6	7	8	9	10
25 11 16	19 18 17	13 24 16	17 12 25	23 12 16

11	12	13	14	15
13 38 17	23 29 15	18 35 19	14 23 18	25 29 17

16	17	18	19	20
26 27 18	16 19 15	17 35 19	24 13 17	33 19 18

50 만들기

2위 익힘문제 3

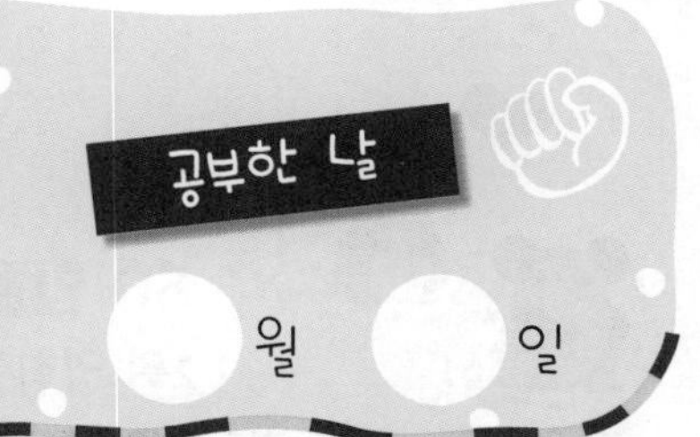

주판으로 계산하세요.

1	2	3	4	5
14 25 11 16	16 17 18 13	17 19 18 16	25 12 15 19	16 17 18 14

6	7	8	9	10
23 28 14 15	15 11 27 18	28 28 15 14	12 15 28 26	18 21 14 15

11	12	13	14	15
19 34 13 12	17 36 19 18	22 14 17 19	32 18 15 21	15 23 16 22

50 만들기
2위 익힘문제 4

공부한 날 월 일

주판으로 계산하세요.

1	2	3	4	5
13	24	18	19	14
38	29	37	38	18
13	12	19	26	19
19	17	13	12	21

6	7	8	9	10
16	28	25	19	17
37	26	11	14	15
19	19	18	17	19
11	14	17	28	13

11	12	13	14	15
23	21	12	19	22
28	14	24	18	14
17	17	17	16	18
12	19	25	17	18

100 만들기

1위~2위 익힘문제 1

주판으로 계산하세요.

1	2	3	4	5
99 3	92 8	94 7	96 5	93 9

6	7	8	9	10
95 6	97 7	95 8	98 6	96 8

11	12	13	14	15
89 19	84 17	67 33	75 29	67 36

16	17	18	19	20
76 29	67 38	86 17	73 29	68 34

100 만들기

2위 익힘문제 2

월 일

주판으로 계산하세요.

1	2	3	4	5
36 67 15	27 73 17	65 39 15	42 58 25	73 29 16

6	7	8	9	10
49 52 31	48 39 17	84 17 26	35 69 28	75 29 25

11	12	13	14	15
43 58 15	85 17 18	53 49 14	63 39 16	82 19 75

16	17	18	19	20
68 37 29	43 59 38	76 28 42	83 17 39	37 64 59

주판으로 계산하세요.

1	2	3	4	5
24	15	24	46	14
13	35	77	16	18
68	39	46	39	69
12	17	19	27	36

6	7	8	9	10
32	65	74	51	66
15	16	13	24	17
58	19	16	27	18
17	28	34	24	42

11	12	13	14	15
26	49	18	56	27
47	38	19	30	77
29	17	63	15	26
13	19	26	27	15

주판으로 계산하세요.

1	2	3	4	5
25 43 39 6 13	36 68 25 9 15	42 59 26 4 12	29 35 38 7 28	37 63 48 6 35

6	7	8	9	10
41 23 38 7 13	28 77 17 5 27	25 76 26 3 14	28 46 29 3 16	45 57 54 4 15

11	12	13	14	15
29 79 12 7 12	65 37 24 5 17	28 74 32 8 16	26 78 25 4 18	18 21 63 8 13

으뜸 매직셈 ②단계

3쪽

1 10 / 2 15 / 3 15 / 4 15 / 5 11
6 15 / 7 15 / 8 15 / 9 15 / 10 15
11 11 / 12 19 / 13 18 / 14 10 / 15 15
16 16 / 17 16 / 18 16 / 19 16 / 20 16

4쪽

1 15 / 2 17 / 3 20 / 4 16 / 5 17
6 17 / 7 18 / 8 15 / 9 19 / 10 17
11 15 / 12 20 / 13 15 / 14 25 / 15 20
16 19 / 17 16 / 18 15 / 19 16 / 20 25

5쪽

1 5 / 2 9 / 3 5 / 4 7 / 5 5
6 15 / 7 15 / 8 15 / 9 19 / 10 15
11 17 / 12 15 / 13 25 / 14 20 / 15 18

6쪽

1 19 / 2 18 / 3 18 / 4 25 / 5 21
6 15 / 7 20 / 8 20 / 9 25 / 10 25
11 18 / 12 25 / 13 18 / 14 18 / 15 19

7쪽

1 20 / 2 15 / 3 20 / 4 15 / 5 17
6 19 / 7 25 / 8 25 / 9 19 / 10 25
11 15 / 12 20 / 13 19 / 14 17 / 15 25

8쪽

1 9 / 2 6 / 3 9 / 4 6 / 5 5
6 11 / 7 17 / 8 16 / 9 16 / 10 17
11 25 / 12 21 / 13 17 / 14 22 / 15 25

9쪽

1 16 / 2 16 / 3 25 / 4 19 / 5 16
6 19 / 7 21 / 8 22 / 9 30 / 10 18
11 20 / 12 16 / 13 18 / 14 18 / 15 20

10쪽

1 25 / 2 18 / 3 16 / 4 25 / 5 20
6 20 / 7 16 / 8 12 / 9 25 / 10 26
11 16 / 12 16 / 13 19 / 14 21 / 15 17

11쪽

1 16 / 2 15 / 3 11 / 4 15 / 5 15
6 11 / 7 10 / 8 17 / 9 15 / 10 12
11 13 / 12 9 / 13 15 / 14 16 / 15 6

12쪽

1 10 / 2 7 / 3 6 / 4 7 / 5 7
6 17 / 7 11 / 8 9 / 9 17 / 10 21
11 20 / 12 17 / 13 20 / 14 17 / 15 18

13쪽

1 25 / 2 27 / 3 16 / 4 21 / 5 25
6 17 / 7 25 / 8 16 / 9 27 / 10 25
11 15 / 12 25 / 13 25 / 14 16 / 15 26

14쪽

1 26 / 2 27 / 3 25 / 4 27 / 5 27
6 26 / 7 15 / 8 17 / 9 28 / 10 17
11 27 / 12 15 / 13 26 / 14 25 / 15 16

15쪽

1 20	2 15	3 17	4 12	5 16
6 21	7 18	8 6	9 5	10 6
11 15	12 11	13 16	14 10	15 17

16쪽

1 15	2 8	3 15	4 15	5 18
6 17	7 13	8 21	9 19	10 22
11 23	12 25	13 23	14 28	15 17

17쪽

1 18	2 25	3 21	4 25	5 27
6 19	7 23	8 25	9 15	10 15
11 17	12 25	13 21	14 28	15 25

18쪽

1 18	2 26	3 25	4 21	5 28
6 27	7 28	8 28	9 23	10 25
11 25	12 15	13 27	14 28	15 27

19쪽

1 12	2 16	3 11	4 22	5 10
6 16	7 20	8 21	9 10	10 15
11 10	12 16	13 15	14 15	15 10

20쪽

1 20	2 15	3 25	4 26	5 15
6 17	7 20	8 15	9 15	10 28
11 15	12 20	13 15	14 16	15 20

21쪽

1 28	2 18	3 16	4 20	5 25
6 25	7 21	8 29	9 18	10 19
11 19	12 20	13 15	14 16	15 20

22쪽

1 25	2 27	3 21	4 28	5 20
6 16	7 26	8 27	9 25	10 21
11 15	12 20	13 15	14 25	15 24

23쪽

1 25	2 20	3 15	4 25	5 15
6 25	7 26	8 25	9 28	10 25
11 15	12 15	13 20	14 20	15 11

24쪽

1 22	2 19	3 18	4 20	5 25
6 25	7 25	8 25	9 25	10 22
11 15	12 17	13 15	14 11	15 18

25쪽

1 20	2 25	3 19	4 20	5 15
6 25	7 18	8 18	9 25	10 26
11 15	12 17	13 19	14 19	15 15

26쪽

1 50	2 50	3 70	4 90	5 80
6 62	7 54	8 54	9 58	10 74
11 55	12 68	13 57	14 59	15 68
16 87	17 86	18 91	19 67	20 58

27쪽

1 64 2 75 3 63 4 84 5 49
6 65 7 65 8 77 9 79 10 59
11 59 12 66 13 84 14 89 15 65
16 59 17 58 18 96 19 69 20 99

28쪽

1 66 2 93 3 78 4 74 5 79
6 75 7 77 8 78 9 68 10 97
11 89 12 79 13 84 14 87 15 69
16 89 17 69 18 98 19 97 20 81

29쪽

1 89 2 94 3 98 4 94 5 88
6 87 7 88 8 86 9 75 10 89
11 15 12 15 13 15 14 26 15 11

30쪽

1 67 2 66 3 95 4 66 5 71
6 49 7 65 8 48 9 66 10 72
11 77 12 75 13 67 14 72 15 70

31쪽

1 66 2 72 3 90 4 77 5 74
6 70 7 77 8 68 9 79 10 62
11 80 12 79 13 90 14 70 15 49

32쪽

1 75 2 67 3 67 4 70 5 75
6 61 7 65 8 69 9 92 10 68
11 63 12 60 13 86 14 80 15 67

33쪽

1 80 2 75 3 81 4 63 5 85
6 94 7 80 8 81 9 77 10 72
11 19 12 12 13 18 14 15 15 15

35쪽

1 18 2 13 3 14 4 13 5 18
6 18 7 23 8 18 9 25 10 23
11 31 12 25 13 29 14 30 15 25

36쪽

1 19 2 21 3 27 4 28 5 21
6 28 7 25 8 21 9 25 10 25
11 25 12 25 13 24 14 25 15 28

37쪽

1 25 2 32 3 31 4 22 5 31
6 30 7 31 8 22 9 25 10 25
11 27 12 21 13 30 14 25 15 33

38쪽

1 22 2 23 3 16 4 21 5 21
6 14 7 21 8 25 9 16 10 20
11 12 12 23 13 13 14 13 15 12

39쪽

1 14 2 12 3 22 4 14 5 15
6 23 7 24 8 21 9 25 10 22
11 22 12 23 13 27 14 23 15 29

40쪽

1 24 2 26 3 33 4 27 5 24
6 23 7 28 8 23 9 24 10 25
11 23 12 33 13 23 14 34 15 27

41쪽

1 35 2 28 3 23 4 25 5 21
6 24 7 28 8 26 9 23 10 21
11 27 12 33 13 26 14 37 15 18

42쪽

1 25　2 24　3 23　4 21　5 20
6 12　7 22　8 17　9 29　10 22
11 18　12 12　13 14　14 22　15 18

43쪽

1 14　2 17　3 17　4 13　5 13
6 23　7 28　8 22　9 24　10 23
11 24　12 24　13 27　14 24　15 26

44쪽

1 33　2 24　3 25　4 32　5 23
6 29　7 27　8 23　9 27　10 25
11 23　12 24　13 30　14 25　15 24

45쪽

1 31　2 24　3 31　4 34　5 31
6 32　7 27　8 27　9 26　10 22
11 33　12 34　13 30　14 32　15 29

46쪽

1 25　2 30　3 21　4 22　5 23
6 21　7 23　8 22　9 30　10 20
11 13　12 14　13 19　14 24　15 16

47쪽

1 14　2 18　3 24　4 14　5 24
6 24　7 24　8 19　9 24　10 27
11 24　12 31　13 23　14 22　15 27

48쪽

1 24　2 35　3 28　4 24　5 34
6 25　7 24　8 33　9 31　10 24
11 27　12 25　13 29　14 35　15 28

49쪽

1 30　2 31　3 30　4 24　5 36
6 31　7 24　8 38　9 24　10 34
11 34　12 29　13 32　14 34　15 29

50쪽

1 21　2 27　3 23　4 19　5 22
6 23　7 20　8 22　9 30　10 27
11 14　12 21　13 14　14 24　15 14

51쪽

1 30　2 34　3 33　4 24　5 30
6 31　7 33　8 33　9 24　10 26
11 13　12 14　13 14　14 14　15 14

52쪽

1 27　2 24　3 31　4 24　5 31
6 32　7 34　8 33　9 21　10 26
11 24　12 16　13 14　14 24　15 14

53쪽

1 24　2 31　3 31　4 32　5 31
6 32　7 33　8 32　9 25　10 24
11 17　12 15　13 14　14 17　15 15

54쪽

1 24　2 27　3 25　4 23　5 33
6 25　7 28　8 27　9 27　10 30
11 23　12 21　13 23　14 16　15 12

55쪽

1 97　2 71　3 66　4 72　5 84
6 49　7 84　8 62　9 83　10 84
11 27　12 21　13 24　14 23　15 23

56쪽

1 71　2 79　3 78　4 74　5 71
6 64　7 89　8 94　9 71　10 43
11 23　12 23　13 23　14 17　15 24

57쪽

1 67　2 64　3 74　4 74　5 84
6 72　7 71　8 73　9 81　10 74
11 21　12 26　13 28　14 22　15 22

58쪽

1 66　2 78　3 74　4 69　5 72
6 72　7 74　8 83　9 82　10 72
11 22　12 22　13 23　14 23　15 22

59쪽

1 50　2 50　3 50　4 50　5 50
6 52　7 52　8 55　9 52　10 53
11 54　12 54　13 58　14 59　15 54
16 57　17 57　18 58　19 56　20 52

60쪽

1 53　2 53　3 56　4 51　5 51
6 52　7 54　8 53　9 54　10 51
11 68　12 62　13 72　14 55　15 71
16 71　17 50　18 71　19 54　20 70

61쪽

1 66　2 64　3 70　4 71　5 65
6 80　7 71　8 85　9 81　10 68
11 78　12 90　13 72　14 86　15 76

62쪽

1 83　2 82　3 87　4 95　5 72
6 83　7 87　8 71　9 78　10 64
11 80　12 71　13 78　14 70　15 72

63쪽

1 102　2 100　3 101　4 101　5 102
6 101　7 104　8 103　9 104　10 104
11 108　12 101　13 100　14 104　15 103
16 105　17 105　18 103　19 102　20 102

64쪽

1 118　2 117　3 119　4 125　5 118
6 132　7 104　8 127　9 132　10 129
11 116　12 120　13 116　14 118　15 176
16 134　17 140　18 146　19 139　20 160

65쪽

1 117　2 106　3 166　4 128　5 137
6 122　7 128　8 137　9 126　10 143
11 115　12 123　13 126　14 128　15 145

66쪽

1 126　2 153　3 143　4 137　5 189
6 122　7 154　8 144　9 122　10 175
11 139　12 148　13 158　14 151　15 123